José Luis Alvarado Sosa
Jefferson Sandoval. E
Sandra Fajardo. M

Obtención de aceite comestible a partir de la semilla de maracuyá

José Luis Alvarado Sosa
Jefferson Sandoval. E
Sandra Fajardo. M

Obtención de aceite comestible a partir de la semilla de maracuyá

Aceite de origen vegetal rico en OMEGA 6.

PUBLICIA

Imprint

Cover image: www.ingimage.com

Publisher:
PUBLICIA
is a trademark of
Dodo Books Indian Ocean Ltd., member of the OmniScriptum S.R.L Publishing group
str. A.Russo 15, of. 61, Chisinau-2068, Republic of Moldova Europe
Printed at: see last page
ISBN: 978-620-2-43180-4

DEDICATORIA

Yo Jefferson Sandoval Estrella dedico esta tesis a Dios porque siempre me llenó de bendiciones y fue mi compañero durante estos cinco años lejos de lo más preciado que tengo que es mi familia, como también a mis padres Javier Sandoval y Anabel Estrella, a mi abuela Susana Morales y a mis hermanos Jonnathan Sandoval y Karen Sandoval, quienes fueron los que forjaron mi camino por el sendero correcto y en especial a mí tío Hugo Macías aunque ya no esté con nosotros siempre nos enseñó que no hay nada en este mundo que no podamos alcanzar y que todo se logra con esfuerzo.

Yo José Alvarado Sosa dedico este trabajo de tesis a Dios pues ha sido cómplice de esta travesía a lo largo de toda mi vida, a mis padres José Alvarado y Sonia Sosa porque me han guiado hasta ahora con su amor infinito y su eterna paciencia, a mis hermanos que me han ayudado cada día dándome fortaleza y apoyo en cada paso que he dado, en especial a mi hermana Rosa Alvarado, Carlos Alvarado, Glenda Moran, a mi tutora de tesis Ing. Sandra Fajardo, quien ha sabido comprender y compartir sus conocimientos, y a todas las personas que han aportado para poder llegar a mi meta en especial a José Sosa R., Johana Mera, Otilia Orellana, Milko Loor O, María Fajardo A, Johnathan Morales F, Cristian Alcívar T, Airton Ortega A, Ing. Paola Escalante y a mi compañero de tesis.

AGRADECIMIENTOS

Le damos gracias a Dios por darnos la fuerza necesaria para cumplir esta meta que nos propusimos hace 5 años, a nuestros padres por habernos apoyado, que con su gran esfuerzo y sacrificio hicieron lo posible para que nosotros no abandonemos nuestros estudios y hoy en día podamos ser unos buenos profesionales, a nuestros hermanos que siempre nos animaron a seguir adelante cuándo pasábamos por un mal momento y en especial a nuestra tutora la Ing. Sandra Fajardo que siempre estuvo aportando con sus conocimientos para el desarrollo de este trabajo, también agradeces a cada una de las personas que nos han ayudado a obtener tener el título de Ingenieros Químicos.

INDICE DE CONTENIDO

ÍNDICE DE TABLAS

ÍNDICE DE ILUSTRACIONES

RESUMEN

En este trabajo se describen los procesos de obtención y caracterización del aceite comestible a partir de la semilla de maracuyá. Para obtener el aceite crudo se realizó una valoración de la semilla, por ende, se analizó la humedad y el porcentaje de impurezas, para luego iniciar con los procesos de secado a temperaturas constantes de 70°C, mientras que la extracción del aceite se la realizó por prensado con un rango de temperatura de 50°C-60°C. Una vez obtenido el aceite crudo es sometido a un proceso de refinación. Los procesos aplicados para poder realizar esta operación fueron: desgomado, neutralización y decoloración. El aceite refinado se lo caracterizó de manera física química, que comprende los siguientes parámetros como es la densidad, humedad, contenido de yodo, índice de peróxido y acidez, los análisis fueron comparados con parámetros establecidos en la norma NTE INEN 26:2012 para aceites de girasol. Los resultados que se obtuvieron para el aceite refinado fueron de: índice de yodo: 143.48, índice de peróxido: 11.87, índice de refracción: 1.4749, acidez: 0.11 y humedad: 0.03. Todos estos procesos y análisis fueron realizados en los laboratorios que posee la Universidad de Guayaquil, en la Facultad de Ingeniería Química. El aceite de semilla maracuyá cumple con varios de los requisitos de la normativa nacional, siendo el índice de peróxido ligeramente mayor que el de un aceite comestible de girasol. No se logró realizar el proceso de desodorización por lo que se deja pendiente para futuras investigaciones, entre menor sea el índice de yodo mayor será la saturación del aceite, el índice de yodo del aceite de maracuyá es más alto que el de girasol.

Palabras claves:

Maracuyá, Semilla, refinación, aceite comestible.

ABSTRACT

This paper describes the processes of obtaining and characterization of the edible passion fruit seed oil, to obtain the crude oil was carried out an evaluation of the seed, therefore analyzed the percentage of impurities and moisture, then start with drying processes at constant temperatures of 70 ° C, while the oil extraction was done by pressing with a temperature range from 50 ° C - 60 ° C, once obtained the crude oil it is submitted to a refining process, the applied processes for this operation were: degumming, neutralization and decolorization. Refined oil was characterized in chemical physical way, which comprises the following parameters such as density, humidity, content of iodine, filtration and acidity index. The analyses were compared with the parameters established in the norm NTE INEN 26: 2012 for sunflower oils. The results obtained for the refined oil were: iodine: 143.48, peroxide index: 11.87, refractive index: 1.4499, acidity: 0.11 and humidity: 0.03. All these processes and analysis were performed in laboratories which possess the University of Guayaquil, in the Faculty of Chemical Engineering. Compared to edible sunflower oil, several requirements are met, with the peroxide index of passion fruit seed oil slightly higher, was not possible to make the process of deodorization by what was left to future research, It is known that the lower the iodine index, the saturation of the oil is higher. Passion fruit oil iodine index is higher than the sunflower oil.

Key words:

Passion fruit, seed, refining, edible oil.

INTRODUCCIÓN

Maracuyá o *Passiflora edulis*, es una fruta perteneciente al tipo de las pasionarias, por eso es conocida como la fruta de la pasión, es un fruto trepador y se le atribuye que es originaria de Brasil, de las zonas bajas del trópico de este país. Existen dos variedades y estas se pueden cultivarse a nivel del mar, la de cascara amarilla y la morada, en zonas altas [1].

Su fruto es una baya de forma ovoide que contiene alrededor de 200 a 300 semillas, esto depende del tiempo de producción y del tipo de suelo en el cual se encuentre sembrada, posee un aroma fuerte, sus semillas contienen alrededor de 20 a 25% de aceite y un 10% de proteínas [1].

A nivel nacional el aceite vegetal de mayor consumo es el de palma. De acuerdo a la federación ecuatoriana de palma africana, existe un consumo de este aceite de un aproximado de 215,30Tm/año hasta el 2016 y va en crecimiento, por lo que se ha buscado nuevas fuentes de obtención de aceites vegetales, como en las semillas de la maracuyá debido a su alta producción durante todo el año y por las propiedades físico químicas que este presenta.

La maracuyá es una fruta con más de 500 especies en todo el mundo. En el Ecuador se siembran dos variedades de maracuyá, la INIAP 2009 y Tropifrutas de color amarillo, con un área de cultivo de 28.747 hectáreas, siendo Manabí, Guayas, El Oro y Esmeraldas las principales zonas de cultivo de este fruto. El procesamiento del fruto de la maracuyá produce grandes cantidades de subproductos agrícolas, los cuales son utilizados únicamente como abonos orgánicos y alimentación para animales incluso algunas empresas los desechan [2].

Entre los subproductos agrícolas se encuentra la semilla, que, por su alto contenido de aceites, puede ser aprovechada para la obtención de productos de interés en la industria, dándole un valor agregado y mitigando la contaminación ambiental.

Este trabajo investigativo se enfocará en investigar la utilización de la semilla, como materia prima, para la obtención de aceites comestibles, y de sus procesos como extracción, refinación y la caracterización del aceite obtenido de la semilla.

Existen diversos métodos de extracción que se pueden aplicar a las especies vegetales, en este caso el método de extracción que se utilizará será por prensado debido a que no se utilizan químicos que puedan cambiar sus propiedades biológicas.

Para la refinación fisicoquímica del aceite se utilizan procesos como desgomada neutralización, descerado, lavado, secado, decoloración, desodorización y winterización y como punto final se procede a la realización de pruebas físico-química al aceite para su caracterización.

CAPÍTULO I

PLANTEAMIENTO DEL PROBLEMA

1.1 Tema

Obtención de aceite comestible a partir de la semilla de maracuyá.

1.2 Planteamiento del problema

El maracuyá pertenece a la familia *Passiflora edulis*, es originaria de Sur América, pero también cuenta con más de 500 especies en todo el mundo. Siendo en Ecuador uno de los frutos más usados para la elaboración de concentrados y jugos, los que son exportados a diferentes partes del mundo. Al tener gran acogida la producción de esta fruta las plantas extractoras generan una alta cantidad de desechos agroindustriales, como son la semilla y su cáscara.

Según información proporcionada por parte de la industria extractora de jugos y concentrados de frutas Quicornac. S.A. se procesa alrededor de 500 a 600 TM por día de maracuyá. Según las estadísticas que mantiene la empresa esta fruta posee alrededor de 20 a 26% de semilla, por lo que se plantea una opción de tratar químicamente esta semilla para darle un valor agregado.

Al realizar varios análisis de productividad para la semilla, se encontró que tiene una gran cantidad de ácidos grasos, por lo que se plantea como mejor opción la elaboración de aceite comestible a partir de la misma.

Las investigaciones indican que se podrá obtener alrededor de un 16.7 a 33.5% de aceite, pero el porcentaje de eficiencia de obtención dependerá del tipo de extracción que se utilice [3]. Normalmente al aceite de maracuyá en Ecuador se le ha dado un valor comercial como materia prima para industrias de cosméticos, pinturas, etc. En diversas investigaciones se reporta que este puede ser usado como un aceite comestible, esto se debe a que posee un alto valor nutricional específicamente de ácidos grasos, principalmente linoleico-omega 6, oleico-omega 9 y palmítico [3].

Uno de los problemas más comunes en los aceites es la oxidación de los ácidos grasos, además de la presencia de gomas como son los fosfátidos o lecitinas e impurezas. Es necesario retirar los compuestos aromáticos que posee el aceite ya que producen olores desagradables. Mediante esta investigación experimental se intentará obtener un aceite que cumpla con las normas establecidas, y además que sea de agrado para el público en general, proponiendo un método eficiente para la extracción y el refinado. Consecuentemente se buscará una solución para un desecho agroindustrial de las distintas empresas que usan el maracuyá en su proceso [3].

1.3 Formulación y sistematización de la investigación

1.3.1 Formulación del problema de investigación

Ampliar el campo de aplicación de los desechos agroindustriales generados por las empresas productoras de concentrado y jugos a partir del maracuyá, obteniendo un aceite comestible que cumpla con las normas alimentarias vigentes.

1.3.2 Sistematización del problema

¿Es posible obtener aceite de grado alimenticio a partir de los desechos agroindustriales aplicando el método de prensado y refinado de la semilla de maracuyá?

¿El aceite obtenido a partir de la semilla de maracuyá cumplirá con las normas vigentes para que sea considerado aceite de grado alimenticio?

¿Resulta beneficioso obtener aceite de la semilla de maracuyá?

1.4 Justificación de la investigación

1.4.1 Justificación teórica

Con esta investigación se logra buscar un método de obtención y refinado de aceite de semilla de maracuyá, intentado aumentar la calidad de este, puesto que mediante el proceso de refinado se mejoran las características organolépticas, dando un mejor sabor, aroma y apariencia al aceite. Al refinar el aceite aumenta el tiempo de vida útil, evitando la oxidación, causado por reacción química entre el oxígeno y los ácidos libres que posee. Mediante el proceso de refinación se extraen las gomas (fosfolípidos, lecitinas), los compuestos volátiles y otros contaminantes.

1.4.2 Justificación metodológica

La metodología que se plantea en esta investigación se basa en procedimientos analíticos establecidos en normas vigentes para este tipo de aceites vegetales. Así mismo el procedimiento para la obtención y refinado de aceite se basa en una exhaustiva búsqueda de datos que se han planteado en otras investigaciones que tuvieron como objetivo la determinación de un proceso para la obtención de aceite.

Los resultados obtenidos servirán como base para futuras investigaciones referentes al tema investigado, además de fomentar el uso de la semilla de maracuyá en la producción de aceite.

1.4.3 Justificación experimental

Se basa en la experimentación la cual permitirá obtener un método que se ajuste a las necesidades de obtención y refinado del aceite de maracuyá, donde se realizaran análisis físico -químico antes y después de la refinación.

Los métodos que se han determinado para este proceso son el desgomado usando ácido cítrico para retirar los fosfolípidos que se encuentran presentes en aceite; luego pasa a la neutralización de los ácidos grasos mediante el uso de hidróxido de sodio; terminando con el proceso de blanqueado con la ayuda de las tierras filtrantes o diatomeas y el desodorizado del aceite a escala de laboratorio.

1.5 Objetivos de la investigación

1.5.1 Objetivo general

Obtener aceite comestible a partir de la semilla de maracuyá.

1.5.2 Objetivos específicos

- Caracterizar la semilla de maracuyá.
- Aplicar el método secado y prensado para la obtención del aceite crudo de la semilla de maracuyá.
- Establecer procedimiento para la refinación del aceite de semilla de maracuyá.
- Caracterizar el aceite refinado de la semilla de maracuyá.

1.6 Delimitación de la investigación

El proyecto se llevará a Quicornac S.A en la planta extractora de jugos y concentrados de maracuyá que está en la ciudad de Vinces ubicada en la provincia de los Ríos- Ecuador, se toma como referencia a esta empresa ya que lidera el mercado de exportación de jugos y concentrados del maracuyá.

Esta investigación se hace con el fin de ampliar el uso de la semilla de maracuyá en la industria, otorgándole un valor agregado. Se sabe que esta semilla contiene aceite el cual hasta ahora no ha sido comercializado como aceite de grado alimenticio.

1.7 Hipótesis

"La semilla de maracuyá puede transformarse en aceite comestible que cumpla con los requisitos nacionales"

1.8 Operacionalización de variables

1.8.1 Variable independiente

Se define como variable independiente el proceso de aceite a partir de la semilla de maracuyá

1.8.2 Variable dependiente

Se determina como variable dependiente los requisitos de aceites comestibles.

En la **tabla 1** se da a conocer el manejo de las variables para este proyecto, el cual se basa en la experimentación con el fin de refinar el aceite mediante procesos químicos, como también la caracterización del aceite para saber si estos cumplen con los requisitos ya establecidos en las normas vigentes nacionales para aceite vegetales.

Tabla 1 Cuadro de operacionalización de las variables.

<table>
<tr><td rowspan="9">Tipo de variable</td><td rowspan="8">Dependiente</td><td rowspan="8">Definición</td><td rowspan="2">Variables secundarias</td><td colspan="2">Indicadores (INEN 026:2012)</td><td rowspan="2">Unidad</td></tr>
<tr><td>Min.</td><td>Max.</td></tr>
<tr><td>• Índice de peróxido</td><td>-</td><td>10.0</td><td>$\frac{M_{eq}O_2}{kg}$</td></tr>
<tr><td>• Índice de yodo</td><td>123</td><td>137</td><td>$\frac{Cg}{g}$</td></tr>
<tr><td>• Acidez</td><td>-</td><td>0.2</td><td>%</td></tr>
<tr><td>• Densidad relativa</td><td>0.910</td><td>0.921</td><td>-</td></tr>
<tr><td>• Índice de refracción</td><td>1.471</td><td>1.475</td><td>-</td></tr>
<tr><td>• Pérdida por calentamiento</td><td>-</td><td>0.05</td><td>%</td></tr>
<tr><td>Independiente</td><td>Obtención de aceite a partir de la semilla de maracuyá.</td><td>Procesos que se deben aplicar para obtener un aceite comestible</td><td colspan="2">• Desgomado
• Neutralización
• Lavado
• Blanqueado</td><td>-</td></tr>
</table>

Fuente: **Autores**

CAPÍTULO II

MARCO CONCEPTUAL

2.1 Antecedentes

2.1.1 Nivel nacional

En Guayaquil, en la Universidad de Guayaquil, se realizó un estudio técnico- económico para la instalación de una planta productora de aceite a base de semillas de maracuyá, argumentando que en Ecuador existen un sin número de empresas dedicadas a la extracción de concentrados de maracuyá y que no aprovechan sus semillas para la extracción de aceites u otros procesos, además que el país por su ubicación es considerado una región subtropical, donde sus condiciones climáticas y de suelo son un lugar propicio para el cultivo de productos agrícolas como la maracuyá, misma que se obtiene durante todo el año, impidiendo la producción por falta de materia prima [4].

2.1.2 Nivel internacional

En Lima Perú, en la Universidad Nacional Mayor de San Marcos, se realizó un estudio técnico económico preliminar para la obtención de aceite comestible a partir de semillas de maracuyá, con el objetivo de cubrir el déficit de aceites vegetales. Mostrando en sus investigaciones que la semilla de maracuyá posee un alto contenido de aceite (21.3%) y además que es de alta calidad, pasando al % de semilla de algodón que contiene un 20% de aceites, y es el que actualmente se está utilizando para la obtención de aceites en ese país [5].

En Colombia, la Universidad de Torobajo y la Universidad de Nacional de Colombia realizaron estudios sobre la caracterización de aceite de semillas de maracuyá (*Passiflora edulis Sims.)* procedentes de residuos agroindustriales obtenido con CO_2 supercrítico. Estos estudios tienen como objetivo evitar contaminaciones ambientales por el desecho de estas semillas dándole un valor agregado y buscar un proceso el cual tenga un mayor rendimiento y con menos costos de producción [6].

2.2 Marco teórico

2.2.1 Maracuyá

El maracuyá proviene de la región amazónica de Brasil, la misma que fue difundida a Australia, luego a Hawái. Actualmente esta fruta se cultiva en Sudáfrica, Taiwán, India, Brasil, Perú, Venezuela, Ecuador y Colombia entre otros, donde fue introducida en 1936 [7].

El origen de su nombre (maracuyá) fue otorgado por los indígenas de Brasil, la llamaron fruta "maraú-ya" que significa fruto que se come de un sorbo, los colonizadores degeneraron este nombre para llamarla maracuyá [7].

2.2.1.1 Variedades

Variedades más utilizadas en el Ecuador:

1. **Maracuyá Tropifrutas (*Pasiflora edulis* variedad flavicarpa).**

Planta rústica y vigorosa que tiene la particularidad de desarrollarse en zonas bajas, se presenta de color amarillo como se muestra en la **ilustración 1** [2].

Ilustración 1 Fruto del maracuyá variedad tropifrutas

Fuentes: *[1]*

2. **Maracuyá INIAP 2009 (*Pasiflora edulis* variedad purpura sims).**

   Tiene la particularidad de desarrollarse en zonas templadas, se presenta de color purpura como se muestra en la **ilustración 2** [2].

Ilustración 2 Fruta de maracuyá tipo INIAP 2009

Fuente: *[1]*

Tabla 2 Maracuyá cultivada en diferentes países

Variedades	Color Cascara	Zona de cultivo
Ouropretano	Púrpura	Brasil
Muico	Púrpura	Brasil
Parcha	Amarilla	Puerto Rico
Hawaiiana	Amarilla	Colombia, Venezuela

Fuente: *[7]*

En la **tabla 2** se detalla los tipos de variedades que han sido sembrados en los países vecinos, de tal manera que Sudamérica posee el clima adecuado para producir varios tipos de maracuyá.

2.2.1.2 Características botánicas

La maracuyá es una planta trepadora perenne, su tallo es cilíndrico o levemente anguloso, liso de color verde, previsto de zarcillos axilares; los frutos de esta planta son bayas, globosas u ovoides, con una base y ápices redondeados de coloración amarilla; su corteza es dura, en su interior contiene muchas semillas las cuales cada una de ellas se encuentran rodeadas por una membrana que posee un jugo aromático [7].

2.2.1.3 Composición del maracuyá

La maracuyá es una buena fuente de vitaminas, minerales, carbohidratos y grasas, está compuesta aproximadamente por 50 a 60% de cáscara, 30 a 40% de jugo, mientras que de semilla un 26%, posee un valor energético de 78 calorías, 2.4 g de hidratos de carbono, 17 mg de fósforo, 5 mg de calcio y 0.3 mg de hierro, entre otros como se detalla en la **tabla 3** *[2]*.

Tabla 3 Descripción del contenido nutricional del maracuyá.

Composición del maracuyá (100 gr)	
Contenido nutricional	**Cantidad**
Proteínas	0.8 g
Vitamina A	684 mcgr
Grasas	0.6 g
Carbohidratos	2.4 g
Fibras	0.2 g
Calcio	5.0 mg
Hierro	0.3 g
Valor energético	78 calorías

Fuente: *[7]*

En la **tabla 3** se da a conocer la composición química en 100g de maracuyá, donde las calorías que esta puede proporcionar a una persona son muy bajas, además es una muy buena fuente de vitamina A.

2.2.1.4 Semilla de maracuyá

La semilla del maracuyá se presenta con una coloración marrón oscura a casi negra, la morfología de esta es acorazada, con una superficie irregular con huecos. Cada semilla presente en la fruta corresponde a un ovario fecundado por un grano de polen por lo que el peso de la fruta y la cantidad de semilla va a variar según con el número de granos de polen depositados sobre su estigma, esta cantidad no debe ser menor a 190.

Las semillas de maracuyá están conformadas por aceite, además a esto estas tienen proteínas aproximadamente un 8%. En la **tabla 4** se describe el contenido químico se las semillas de maracuyá. La capacidad de germinar de la semilla en condiciones ambientales es de 3 meses y puede llegar a los 12 meses si esta se refrigera [8].

Tabla 4 Composición química de las semillas de maracuyá

Componente	$g/11\ g\ de\ semilla\ cruda\ (peso\ seco)$
Humedad	6.6 ± 0.28
Proteína cruda	8.25 ± 0.58
Extracto de etéreo	24.5 ± 1.58
Aceites	$20\ a\ 25\%$
Fibra dietaria total Fibra dietaria insoluble Fibra dietaria soluble	64.8 ± 0.05 64.1 ± 0.02 0.73 ± 0.07
Cenizas	1.34 ± 0.08
Carbohidratos	1.1

Fuente: [9]

La **tabla 4** muestra la cantidad aproximada de cada uno de los componentes que conforman a la semilla de maracuyá, como también nos indica que posee de un 20 a 25% de aceite, algunas investigaciones reportan que este valor puede ascender dependiendo del proceso de extracción de aceite.

2.2.1.5 Producción de maracuyá

En el Ecuador se suele sembrar dos variedades de maracuyá, la INIAP 2009 y Tropifrutas de color amarilla [7]. El maracuyá en el Ecuador se puede dar en las regiones subtropicales, su producción se da en el verano, no obstante, se puede dar durante todo el año, siendo entre abril-septiembre y diciembre-enero las épocas con mayor producción [10].

La superficie con mayor producción en el país se localiza en la franja costera, que corresponde a las provincias de Manabí, Guayas, Esmeraldas, El Oro y Santo Domingo de los Colorados [10].

Tabla 5 Sembríos de maracuyá por hectárea en las provincias del Ecuador

Provincia	Superficie sembrada					Unidad
	2009	**2010**	**2011**	**2012**	**2013**	
Santo Domingo	1001	970	559	367	1540	ha
El Oro	260	223	104	44	60	ha
Los Ríos	8212	5525	2277	381	454	ha
Manabí	7106	4007	4270	2234	1189	ha
Esmeraldas	3841	3336	1776	652	128	Ha

Fuente: *[10]*

La **tabla 5** señala la cantidad en hectáreas que son sembrados en Ecuador, como también la disminución de producción debido a la mala tecnificación y falta de variedad de la fruta, pero aun así Ecuador es uno de los líderes en exportación de productos derivados del maracuyá *[10]* .

2.2.2 Aceites

El término "Aceite" hace referencia a lípidos que a temperatura ambiente son líquidos, estos aceites son mezclas de esteres de la glicerina con los ácidos grasos, es decir, los conocidos triglicéridos. De acuerdo con su origen los aceites se pueden clasificarse en animal o vegetal, siendo estas sustancias liquidas o sólidas [9].

2.2.2.1 Tipos de aceites según su pureza

- **Aceite extra virgen**

Estos aceites son de alta calidad, poseen un aroma y sabor muy natural, además de ser rico en nutrientes con grandes beneficios para la salud [9].

- **Aceite virgen**

Este tipo de aceite se los obtienen en la segunda extracción y poseen una mediana calidad [9].

- **Aceite puro**

Es un aceite de baja calidad, pero un reemplazo para los aceites que son obtenidos por medio de procesos comerciales [9].

- **Aceite ligero**

Este aceite igual al aceite puro es de baja calidad, pero se diferencia por su extracción ya que este se da por medio de solventes, destruyendo sus propiedades y por ende perdiendo sus beneficios y aportes nutricionales [9]

2.2.2.2 Comparación de aceite de origen animal y vegetal.

Los aceites animales son grasas saturadas que contribuyen a que las arterias de nuestro cuerpo se obstruyan a causas de los ácidos mirístico y palmítico, produciendo que los niveles de colesterol en la sangre se eleven, mientras que los aceites vegetales son grasas insaturadas que evitan que los niveles de colesterol en la sangre aumenten, volviéndola a esta más líquida y fluida, siendo más beneficiosa por la salud [11].

2.2.3 Aceite de origen animal

Estos constituyen una fuente muy importante de ácidos grasos saturados y colesteroles, aunque existen excepciones como el caso de las grasas de pescado, la cual es presentan grandes concentraciones de ácidos poliinsaturados e insaturados. Las fuentes principales de este tipo de grasa animal provienen de los cerdos, reces y pollos, entre otros [12].

2.2.4 Aceites de origen vegetal

Compuestos orgánicos obtenidos a partir de semillas u otras partes de las plantas, en cuyos tejidos se acumulan como fuente de energías, son ricos en minerales y ácidos grasos poliinsaturados. Se debe tener en cuenta que no todos estos tipos de aceites son aptos para el consumo humano pero que se les puede dar un uso industrial [3].

2.2.4.1 Usos de los aceites vegetales

Los aceites vegetales tienen diferentes usos, entre ellos el de materia prima para la elaboración jabones y cosméticos, ya que su composición es rica en ácidos grasos y ayuda a la restauración de la capa lipídica de la piel dejándola sedosa; además se emplean en otros productos como velas, pinturas e incluso se ha llegado a utilizarlo como aislante en industrias eléctricas [9].

Los aceites de origen vegetal son actualmente los más usados para el consumo humano, esto se debe a las características fisicoquímicas que poseen, ya que tienen un alto contenido de grasas insaturadas, como son el omega 9 (Ácido oleico), Omega 6 (Ácido linoleico) y el omega 3(Ácido linolénico), mismas que se encuentran en diferentes proporciones en el aceite [9].

Los aceites desempeñan un papel especial en algunas de las funciones del organismo, muy independiente de ser suministradores de energía, ciertos ácidos grasos insaturados son indispensables para la formación de algunas células, esto se debe a que no pueden ser sintetizados por el cuerpo y deben ser ingeridos como alimento [9].

2.2.4.2 Composición de los aceites vegetales

Los aceites vegetales están formados por glicéridos terciarios o triglicéridos, en los que está presente el glicerol, con una combinación de glicerina con diferentes ácidos grasos de peso molecular elevado. La proporción de los glicéridos existentes en los aceites vegetales son los que le otorgan las características específicas a los aceites [2].

Los glicéridos más abundantes en los aceites vegetales son la estearina, la palmitina y la oleína. La estearina y la palmitina se encuentran presentes en estado sólido, mientras que la oleína se presenta en estado líquido a temperatura ordinaria [2].

Estos tipos de aceites poseen ácidos grasos buenos como omega 3 y 6 que contribuyen a mantener niveles normales de colesterol en la sangre además de otros como el omega 9 [13].

- **Omega 3 y 6**

Son grasas poliinsaturadas esenciales para el cuerpo, ya que este no puede producirlas, deben ser incorporadas a través de alimentos como aceites vegetales, entre ellos tenemos aceites de canola y girasol, etc. En la **ilustración 3 y 4** se presentan las estructuras químicas de estos ácidos grasos [13].

- **Omega 3**

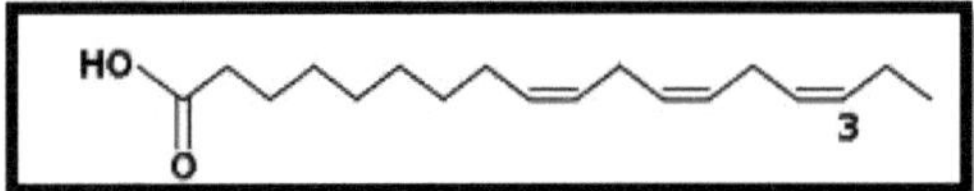

Ilustración 3 Estructura química del Omega 3

Fuente: *[13]*

- **Omega 6**

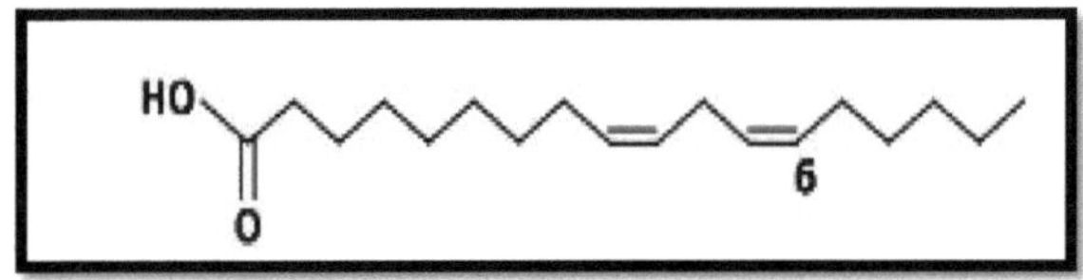

Ilustración 4 Estructura química del Omega 6

Fuente: *[13]*

- **Omega 9**

Es una grasa monoinsaturada que se encuentran en alimentos como aceites de canola, girasol, oliva y nuez, a diferencia de los omega 3 y 6 estos si son producidos por el cuerpo pero no dejan de ser esenciales en los alimentos en la **ilustración 5** se muestra la estructura química de este ácido graso [13].

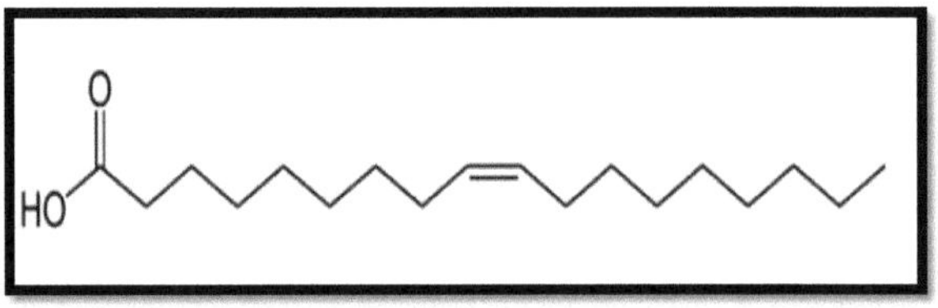

Ilustración 5 Estructura química del Omega 9

Fuente: *[13]*

2.2.4.3 Tipos de aceites de origen vegetal

- **Aceite de algodón**

Aceite obtenido a partir de la semilla del algodón (*Gossypium spp.)* puede ser extraído ya sea por solventes o prensado, su apariencia es oscura y requiere de una refinación química y no contiene ácidos linóleos [9].

Este aceite contiene grandes cantidades de ácidos grasos saturados tales como: ácido linoleico (58%), ácido palmítico (28%), ácido oleico (13%), acido esteárico (1%) y pequeñas cantidades de ácido mirístico, araquídico y behénico [14].

- **Aceite de girasol**

Aceite obtenido a partir de la semilla del girasol (*Helianthus annus*) puede ser extraído ya sea por solvente o prensado, su apariencia es de color amarillo [9].

Este aceite se caracteriza por su alto contenido de grasas saturadas tales como: ácido palmítico (15%), ácido esteárico (45%), ácido oleico (70%) mientras que más del 85% representa a los tocoferoles tanto gamma-tocoferol y delta-tocoferol [15].

- **Aceite de cacahuate**

Aceite obtenido a partir de la semilla del cacahuate (*Arachis hypoganea)* que puede ser extraído ya sea por solvente o prensado, su apariencia es de color amarillo pálido y requiere de un refinado y desodorizado. Está compuesto químicamente de ácidos grasos monoinsaturados [9].

Este aceite se caracteriza por su alto contenido de ácidos grasos monoinsaturados (55%, principalmente oleico) seguido de poliinsaturados (27%, princialmente linoleico) y saturados (18%) [16].

- **Aceite de maíz**

Aceite obtenido a partir del germen del maíz *(Zea mays)* puede ser extraído por solventes o prensado, posee una apariencia cristalina de color amarillo rojizo con un sabor único [9].

El aceite extraído de la semilla de maíz contiene 23% de ácidos grasos monoinsaturados, 60% de ácidos poliinsaturados, 12% de ácidos saturados, además es rico en ácidos grasos linoleicos y oleicos [17].

- **Aceite de canola**

Aceite obtenido a partir de la semilla del nabo *(Brassica napus),* puede ser extraído ya sea por solventes o prensados, y su contenido de ácidos grasos saturados son bajos [9].

Este aceite de caracteriza por su alto contenido de ácido oleico 54 a 60%, ácido linoleico 21 a 24% y ácido linolénico 10% [17].

- **Aceite de oliva**

Aceite obtenido a partir de la fruta del olivo (*Oleo europea)* son extraídos por prensado mecánico, su apariencia es de color verdoso y posee un alto contenido de ácido oleico lo que lo hace uno de los aceites con mayores propiedades nutricionales [9].

El aceite obtenido de este fruto está formado por ácido oleico 75,5%, acido palmítico 11,5% y de ácido linoleico un 7,5%, además de otros ácidos grasos como el esteárico [18].

- **Aceite de palma**

Aceite obtenido a partir de la fruta de la palma (*Elaeeis guineensis*), puede ser extraído por solvente y prensando mecánico, tiene un alto contenido de ácidos grasos donde predomina el ácido palmítico presentan un 40 a 48% [9].

En Ecuador es uno de los aceites más usados tanto para consumo humano, como para la producción de biodiesel, esto se debe a las características del aceite. Actualmente este aceite está siendo exportado a diferentes países, ya que Ecuador produce más aceite del que consume.

2.2.5 Aceite de semilla de maracuyá

El aceite de semilla de maracuyá es un triglicérido de glicerol, que está compuesto por radicales grasos característicos, los cuales provienen de ácidos como: ácido linoleico, ácido oleico y ácido palmitoleico [19].

De acuerdo a estudios investigativos, el aceite de maracuyá posee un alto poder antioxidante por lo que es recomendado para uso alimenticio [19].

Tabla 6 Perfil de ácidos grasos de aceite de maracuyá y los aceites comerciales

Tabla comparativa de ácidos grasos de los aceites (%)					
Ácidos grasos	**Maracuyá**	**Palma**	**Oliva**	**Girasol**	**Soja**
Linoleico	67.53	10.1	19.96	57.1	50.0
Linolénico	0.46	0.4	1.03	0.2	8.0
Oleico	16.33	39.2	56.82	34.0	28.0
Estereárico	1.29	4.5	2.27	2.9	4.0
Palmítico	14.16	44.0	18.41	3.6	10.0
Palmítoleico	0.23	0.1	1.51	2.2	-
Ácido graso saturado	15.45	48.5	20.68	6.5	14
Ácido graso insaturado	84.55	49.8	79.32	93.5	86
Ácidos grasos insaturados/ácidos grasos saturados	5.47	1.02	3.83	14.38	6.14

Fuente: *[19], [6]*

En la **tabla 6** se presentan las comparaciones de ácidos grasos insaturados. Se puede observar que el aceite de maracuyá en relación con otros aceites posee un porcentaje de Omega 6 (ácido linoleico) mayor y puede brindar al consumidor mejores beneficios para la salud.

El aceite de maracuyá tiene las mismas características que los aceites vegetales, posee altas cantidades de grasas insaturadas permitiéndole así al cuerpo humano adquirir energía. Además, posee ácidos grasos esenciales, los cuales ayudan a procesar algunas vitaminas [19].

2.2.6 Extracción del aceite

Para la extracción de aceite se aplican varios métodos cada uno tiene sus beneficios y desventaja, puesto que algunos llegan a contaminar el aceite y resulta más costosa la producción de aceite. A continuación, en la **sección 2.2.6.1** se realiza una breve descripción de estos métodos aplicados a las semillas.

2.2.6.1 Tipos de extracciones

- **Extracción por prensado**

Existe dos tipos de prensados los mismos que se describirán a continuación:

a) Prensado discontinuo.

Alton E. Bailey (2001), describe a este procedimiento como único para la extracción de aceites vegetales. Consiste en realizar la aplicación de presión sobre una masa de productos oleaginosos confinados en bolsas, telas, mallas etc. En las prensas discontinuas existen dos tipos principales: las "abiertas", donde el producto oleaginoso debe estar encerrado entre filtros de tela; y las "cerradas", donde no es necesario la presencia de filtros y en las cuales la materia oleaginosa se introduce en una especie de jaula. El rendimiento en la obtención de aceite por prensado mecánico depende de una serie de factores relacionados con la afinidad del aceite por los sólidos de las semillas [9].

b) Prensado continúo.

Shahidi (2005) hace mención sobre el equipo que se utiliza para la extracción de aceite de la materia oleaginosa que es el "expeller", siendo este un dispositivo mecánico con un tornillo horizontal y un diámetro del cuerpo creciente, el cual tiene como función aumentar la presión sobre la materia prima a medida que avanza a través del tornillo. El cilindro alrededor del tornillo se encuentra perforado para que pueda incrementar la presión interna, desalojando el aire y posteriormente el aceite a través del cilindro. Como proceso final, se hace pasar el aceite por un filtro-prensa para eliminar partículas que, por su tamaño pequeño, no han sido separadas por las rejillas [20].

- **Extracción con solventes**

Este proceso resulta ser más eficiente que los anteriores, el mismo que empieza cuando la materia prima oleaginoso, entra en contacto con el solvente. Las micelas del solvente que se encuentran en la superficie del material se difunden a través de la pared celular hacia los cuerpos oleosos, permitiendo la solubilización del aceite. Una vez que se haya culminado este proceso, se procede a la separación de las partículas agotadas de las micelas concentradas con el aceite, dicho proceso se lo puede realizar ya sea con una centrífuga o un filtro y la separación de las micelas se las puede realizar mediante una destilación fraccionada obteniendo un aceite de buena calidad además de la recuperación del solvente [20].

2.2.6.2 Refinación de aceites y grasas

El proceso de refinado es uno de los procesos para la obtención de aceites vegetales comestible, que deben cumplir con ciertas características que el consumidor desea tales como, sabor, aspecto, olor suave, color claro, estabilidad a la oxidación y su capacidad para freír [11].

a. Refinado alcalino

La (Organización de las Naciones Unidas para la Agricultura y la Alimentación & Organización Mundial de la Salud, 1993) da a conocer el método clásico de refinado el cual comprende normalmente las siguientes etapas [11].

- **Desgomado**

Todos los aceites de semilla poseen fosfáticos conocido como lecitinas. Estos compuestos deben ser extraídos para evitar inconvenientes en la conservación, refinación y almacenamiento de aceite, [21] tales como

- Dificultad en su conservación.
- Pérdidas en la refinación.

- Decantaciones en los tanques de almacenamiento.

Este proceso consiste en un calentamiento del aceite adicionando soluciones de ácido fosfórico o ácido cítrico, mismo que mediante centrifugación procede a la separación de las gomas coaguladas [21].

- **Neutralización**

La neutralización de los aceites se da mediante la saponificación de los ácidos grasos libres utilizando una solución de hidróxido de sodio, separando los jabones insolubles en los aceites [21].

- **Descerado**

Este proceso tiene como objetivo separar los gliceroles de alto punto de fusión que provocan enturbiamiento y aumento de viscosidad al aceite al bajar la temperatura [21].

- **Lavado**

Se utiliza para eliminar todos los residuos de fosfáticos y jabones persistentes en el aceite después de haber realizado el centrifugado primario [21].

- **Secado**

Se lo utiliza para eliminar trazas de humedad sometiendo al aceite a un secado al vacío [21].

- **Decoloración**

Los aceites poseen sustancias colorantes de los frutos de los que se obtienen, en el caso del maracuyá, las xantofilas que le brinda ese color amarillo, dicha sustancia puede ser absorbida o eliminada ya sea por tierras filtrantes o carbón activado [21].

- **Desodorización**

Trata de reducir los ácidos libres utilizando altas temperaturas, eliminando aldehídos, alcoholes, pigmentos los cuales son compuestos causantes del sabor y olor [21].

- **Winterización**

El objeto de esta etapa es de apartar los glicéridos saturados aplicando bajas temperaturas [21].

2.2.6.3 Contaminantes desechados en el proceso de refinado

Como se ha mencionado con anterioridad el refinado consiste en la eliminación de componentes no deseables, dichas sustancias que se detallan en la **tabla 7.**

La **tabla 7** indica los componentes eliminados en cada uno de los procesos del refinado de aceites vegetales, siendo uno de los puntos de mayor relevancia la neutralización, puesto que es necesario el cálculo de lejía que se debe usar para poder realizar este proceso de manera eficiente y no producir más jabón que aceite refinado.

Tabla 7 Contaminantes desechados en el proceso de refinado
Fuente: [21]

Proceso	Componentes eliminados
Desgomado	▪ Gomas ▪ Fosfátidos ▪ Glicolípidos ▪ Proteínas
Neutralización	▪ Fosfátidos residuales ▪ Subproductos oxidantes ▪ Componentes metálicos ▪ Insecticidas organofosforosos
Descerado	▪ Cera ▪ Sustancias insolubles a baja temperatura
Lavado	▪ Jabón ▪ Trazas de fosfátidos residuales
Secado	▪ Agua
Decoloración	▪ Pigmentos (clorofila y carotenos) ▪ Jabón ▪ HC policíclicos
Desodorización	▪ Sabor ▪ Pesticidas organoclórico ▪ Esteroles y tocoferoles

2.2.6.4 Análisis físico químico a los aceites

a. Pruebas físicas

- **Densidad.** - Se la define como la masa de una sustancia por unidad de volumen. la densidad es medida con un dispositivo llamado densímetro. la densidad indica si el aceite presenta o no contaminantes disueltos en él, no existe un valor determinado de la densidad de los aceites vegetales, pero se sabe que los parámetros para estos están ente 0.840 y 0.960 kg/L [5].

- **Índice de refracción. -** Se basa en la relación entre la velocidad de la luz y el aire y su velocidad en la sustancia que se analiza [5], este índice de refracción es medido con un refractómetro con una serie de colores que se encuentran estandarizados y por comparación se puede obtener el color semejante, Esta medida se la realiza con el fin evaluar la pureza del aceite haciendo referencia al grado de saturación, con la razón cis/trans influenciado por el daño que ha sufrido el aceite por la oxidación [22].
- **Viscosidad. -** Propiedad que tienen los líquidos y que está relacionado con la resistencia de un fluido, la viscosidad en los aceites tiene relación con el grado de insaturación y longitud de la cadena de los ácidos grasos que constituyen los triglicéridos, teniendo en cuenta que cuando la viscosidad disminuye se debe al grado de insaturación y aumenta con la polimerización. [5]
- **Cenizas. -** Permite determinar el porcentaje de material inorgánico que queda tras la eliminación total de compuestos orgánicos existentes en la muestra [5].

b. Pruebas químicas

- **Índice de acidez. -** Se lo expresa como la cantidad de hidróxido de potasio o hidróxido de sodio necesarios para neutralizar ácidos grasos libres en un gramo de muestra, siendo esta prueba de mucha importancia para los aceites comestibles ya que si no se encuentran entre los límites dados se considera que el aceite tiene presencia de impurezas en las grasas. Teniendo en cuenta que la acidez de las sustancias grasas es muy variable y que depende del tiempo y la forma de conservación del aceite, ya que entre más frescos son los aceites, menor es el contenido de ácidos grasos libres. [5].

- **Índice de yodo. -** Se utiliza para medir la insaturación de los ácidos grasos que componen al aceite o grasa, y se la define como la cantidad de gramos de yodo que son absorbidos por cien gramos de muestra y es de suma importancia ya que sirve para clasificar al aceite [5] en:

Tabla 8 Tipos de aceites de acuerdo con el rango de Índice de yodo

Tipos de aceites	Rangos de Índice de Yodo
Aceites no secantes	< 110
Aceites semisecantes	$110 - 135$
Aceites secantes	> 135

Fuente: [22]

La **tabla 8** expresa los tipos de aceites de acuerdo a la cantidad de índice que yodo que contienen.

- **Índice de peróxido. -** Se lo utiliza para medir el contenido de oxígeno activo presente en el aceite o grasa. La presencia de los peróxidos o compuestos oxidantes se pueden dar ya sea por el maltrato de la semilla, como también si el aceite obtenido no se lo ha protegido de la luz y del calor, aumentando el índice de peróxido y por ende disminuyendo la calidad del aceite [5].

2.3 Marco contextual

La materia prima con la que se va a realizar la experimentación de la obtención del aceite refinado a partir de la semilla de maracuyá será obtenida de una planta extractora de jugos ya que ellos usan sus semillas para la obtención de aceites no comestibles y harina.

Para el proceso de refinación (neutralización, blanqueamiento, desgomado, desodorización) utilizaremos los laboratorios de la Universidad de Guayaquil.

2.4 Marco legal

Esta investigación se basa en procedimientos analíticos tomados de normas vigentes aplicados para este tipo de aceites vegetales (NTE INEN 26:2012 Requisitos para el aceite de girasol) [23], así mismo el procedimiento para la obtención y refinado de aceite se basa en una exhaustiva búsqueda de datos que se han planteado en otras investigaciones, para determinar un método que se ajuste a las necesidades para la obtención del aceite de semilla de maracuyá.

Varios de los análisis se basan en los procedimientos establecidos por el INEN (Instituto Ecuatoriano de Normalización) los cuales son traducciones de las normas ISO, las normas INEN dan a conocer las indicaciones para realizar los distintos procedimientos, así como también todas las consideraciones que deben ser tomadas en cuenta al momento de realizar el análisis. A continuación, se describen los análisis y las normas que serán usadas. Por ser de mayor relevancia.

- **Acidez e índice de acidez**

Se expresa en porcentaje de ácido oleico, para este proceso se usa la norma NTE INEN-ISO 660:2013 misma que está basada en la norma ISO-660.

- **Índice de peróxido.**

La norma que se usará para este análisis es la NTE INEN-ISO 3960:20.

- **Humedad.**

La norma para realizar este análisis fue la NTE INEN-ISO 662:2013.

- **Índice de refracción.**

Se usará la norma NTE INEN-ISO 6320:2013 la cual da a conocer todos los parámetros que se deben cumplir para este análisis.

- **Densidad relativa.**

La norma para la determinación de la densidad es la ASTM D 891 o la norma INEN NTE 35.

- **Índice de yodo**

El análisis índice de yodo se basa en la norma INEN NTE 37.

CAPÍTULO III

MARCO METODOLÓGICO

En el presente capítulo se detalla la metodología utilizada para dar respuesta a la pregunta de investigación, este trabajo de investigación utiliza el método experimental para poder evaluar los efectos que produce la variable independiente sobre la variable dependiente que fueron escogidas para este proyecto.

3.1 Nivel de la Investigación

Debido a que se detalla cada una de las propiedades y características tanto de la materia prima como del aceite, esta investigación posee un nivel descriptivo ya que se llega a evaluar el proceso de obtención de aceite comestible, partiendo desde la semilla y culminando en el aceite refinado.

3.2 Diseño de la Investigación

El diseño planteado para este trabajo de titulación se basa en la metodológica experimental, puesto que se desea obtener aceite comestible de la semilla de maracuyá que cumpla con varios de los parámetros físicos químicos establecidos para el aceite de girasol mediante la adaptación de procesos.

3.3 Metodología de la investigación

La metodología es el mecanismo que se aplica para llevar a cabo el proyecto investigativo, tratando aspectos metodológicos como los desarrollados a continuación:

- Recolección de información sobre el tema a investigar: Aceites comestibles, propiedades fisicoquímicas de los aceites vegetales, Normas INEN para producción aceites vegetales.
- Herramientas estadísticas aplicadas: Se utilizó Excel para la realización de diagramas de dispersión de tal manera que nos ayude a determinar el tiempo óptimo para el secado de la semilla.
- Análisis y síntesis de la información: Aplicaciones de diferentes procesos tanto para la obtención, como para la caracterización del aceite, y para su estandarización se tomó como referencia normas ya establecidas como es la NTE INEN 27:2012 para aceites de girasol debido a su similitud con las propiedades fisicoquímicas del aceite de maracuyá.

Tabla 9 Requisitos para el aceite comestible de girasol.

Requisitos del aceite			
Análisis	**Min**	**Max**	**Unidades**
Acidez Libre (Exp Ac, Oleico)	-	0.2	%
Densidad Relativa, 25/25 °C	0.910	0.921	-
Índice de Yodo	123	137	Cg/g
Pérdida por Calentamiento	-	0.05	%
Índice de Refracción (25°C)	1.471	1.475	-
Índice de Peróxido	-	10.0	MeqO2/kg

Fuente *[23]*

- Métodos y cálculos de ingeniería aplicados: Procesos de obtención del producto, cálculos como rendimiento en porcentajes, grados Baumé, técnicas de extrapolación e interpolación y densidad relativa, además de la elaboración de diagramas de flujo.
- Experimentación: El diseño experimental se lleva a cabo en dos etapas: la primera es la obtención del aceite crudo y su refinación y la segunda etapa es la caracterización del aceite (acidez libre, densidad relativa, índice de yodo, índice de refracción e índice de peróxido) explicados en la sección **3.4.1 y 3.6**.
- Resultados y discusión: Serán evaluados mediante la comparación con varios de los parámetros físicos químicos establecidos para el aceite de girasol, expresados en la **tabla 9**.

3.4 Métodos de la investigación

Varios de los procedimientos de esta investigación se desarrollaron en los laboratorios que posee la Facultad de Ingeniería Química de la Universidad de Guayaquil, ya que contaban con los equipos e instrumentos requeridos para realizar los análisis al aceite de maracuyá, otros de los análisis se los llevó cabo con la ayuda de laboratorios particulares.

3.4.1 Caracterización de la semilla de maracuyá.

En la etapa de caracterización de la semilla se toma en cuenta dos parámetros los cuales son el porcentaje de humedad y el porcentaje de impurezas de la semilla, esto con el fin de verificar el estado de la materia prima que se está usando para el proceso.

3.4.1.1 Determinación del porcentaje de humedad de la semilla.

Para determinar el porcentaje de humedad se utilizó una termobalanza donde se evaluó la humedad de 5 gramos, con un rango de tolerancia de 0.5%, el análisis fue repetido 3 veces para realizar un promedio de la humedad que posee la semilla antes de iniciar el proceso de secado.

Se plantea como valor máximo de humedad un 11% y como valor mínimo un 8% a temperatura de 70 °C, debido que las semillas muy secas no se trituran muy bien, y además una alta humedad no da un buen porcentaje de obtención de aceite crudo.

3.4.1.2 Determinación del porcentaje de impurezas de la semilla.

Para el desarrollo de este análisis se usa una balanza analítica marca sartorius de cuatro decimales, se toma una muestra de 100g de semillas, y se retiran las impurezas (ramas, semilla vana, mucílago). La evaluación de porcentaje de impurezas se la realizó tanto a la semilla seca como a la húmeda, como se puede observar en la **ilustración 6**.

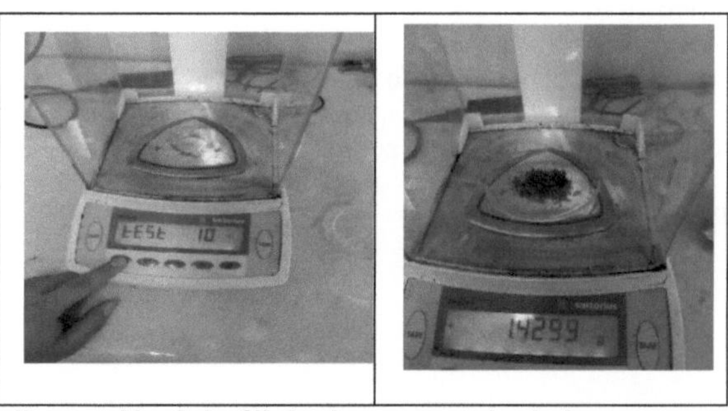

Ilustración 6 Análisis de porcentaje de impurezas.

Fuente: **Autores**

3.4.2 Caracterización del aceite.

Se realizaron análisis al aceite crudo de semilla, con el fin de evaluar el estado del aceite, así también se aplican los mismos procedimientos al aceite que se obtiene luego de la refinación.

3.4.2.1 Determinación acidez libre (Exp. Ac. Oleico).

La determinación de la acidez se hace en base a las normas ya descritas, las cuales son estandarizadas para todo tipo de aceite.

1. Consiste en una valoración ácido- base, donde el primer paso será pesar entre 7 a 8 gr de aceite en un matraz Erlenmeyer de 250 ml, luego añadimos 100 ml de etanol al 95% previamente neutralizado junto a 1 ml de fenolftaleína y se tituló con una solución de NaOH al 0,1N.
2. Previamente preparada la muestra se procedió a la titulación, donde el punto de equivalencia de la titulación será cuando la adición de una gota produzca el viraje de color, tornándose rosado débil.

Ecuación 1 $$\%\ de\ acidez = \frac{V_c * N_{NaOH} * 0{,}282 * 100}{P_m}$$

Donde:

V_c= Volumen consumido de NaOH.

N_{NaOH} =Normalidad de la solución utilizada.

P_m =Peso de la muestra.

Ilustración 7 Determinación del %Acidez

Fuente: **Autores**

En la **ilustración 7** se puede observar el viraje de color al momento de la adición de la base indicando la neutralización de la muestra.

3.4.2.2 Determinación del índice de peróxido.

1. Para la determinación del índice de peróxido se pesa de 2 a 5 gramos de aceite en un vaso de precipitación de 250 ml.
2. Una vez pesada la muestra se le agrega 10 ml de Cloroformo seguido de 15 ml de ácido acético glacial y 1 ml de yoduro de potasio, y procedemos agitar por un minuto y dejamos reposar por cinco minutos en un lugar oscuro.
3. Ya transcurridos los 5 minutos de reposo se le agrega 75 ml de agua destilada, seguidamente del indicador de almidón al 1 %.
4. Ya preparada la muestra se procede a titular con tiosulfato de sodio 0.1 N.

Ecuación 2 $Indice\ de\ peróxido = \frac{1000 * N_{Na_2S_2O_3} * V_C}{P_m}$

$N_{Na_2S_2O_3}$= Normalidad del tiosulfato de sodio.

V_C= volumen consumido de tiosulfato de sodio.

P_m= Peso de la muestra de aceite

3.4.2.3 Determinación de humedad del aceite.

Para la determinación del porcentaje de humedad que tiene tanto el aceite crudo como el refinado se usó una termobalanza Ohaus MB120 que aplica el método de pérdida por calentamiento. Se usó una muestra de 5g, con un rango de tolerancia de 5%, a una temperatura de 105°C como lo especifica el Codex alimentarios, así mismo lo hace la norma NTE INEN 39.

3.4.2.4 Determinación de la densidad relativa

En la determinación de la densidad relativa se aplica el método del hidrómetro que se encuentra establecido en la norma ASTM D 891.

1. Se debe llenar una probeta con muestra del aceite a una profundidad mayor que la longitud del hidrómetro.
2. La muestra debe tener una temperatura de 25°C.
3. El hidrómetro debe ser colocado en la muestra girándolo con cuidado.
4. La densidad será medida en el punto donde el menisco cruza el tallo del hidrómetro.

3.4.2.5 Determinación del índice de refracción

En este análisis se usó un refractómetro de la marca Mettler Toledo modelo Rm40, el cual se encuentra graduado a 25 °C, donde se procedió a colocar la muestra de aceite en el prisma y leer en el equipo el valor del índice de refracción perteneciente a este aceite. Este análisis se lo realiza tanto para el aceite refinado como para el aceite crudo.

3.5 Diagrama de Flujo

Ilustración 8 Diagrama de proceso del aceite de maracuyá.

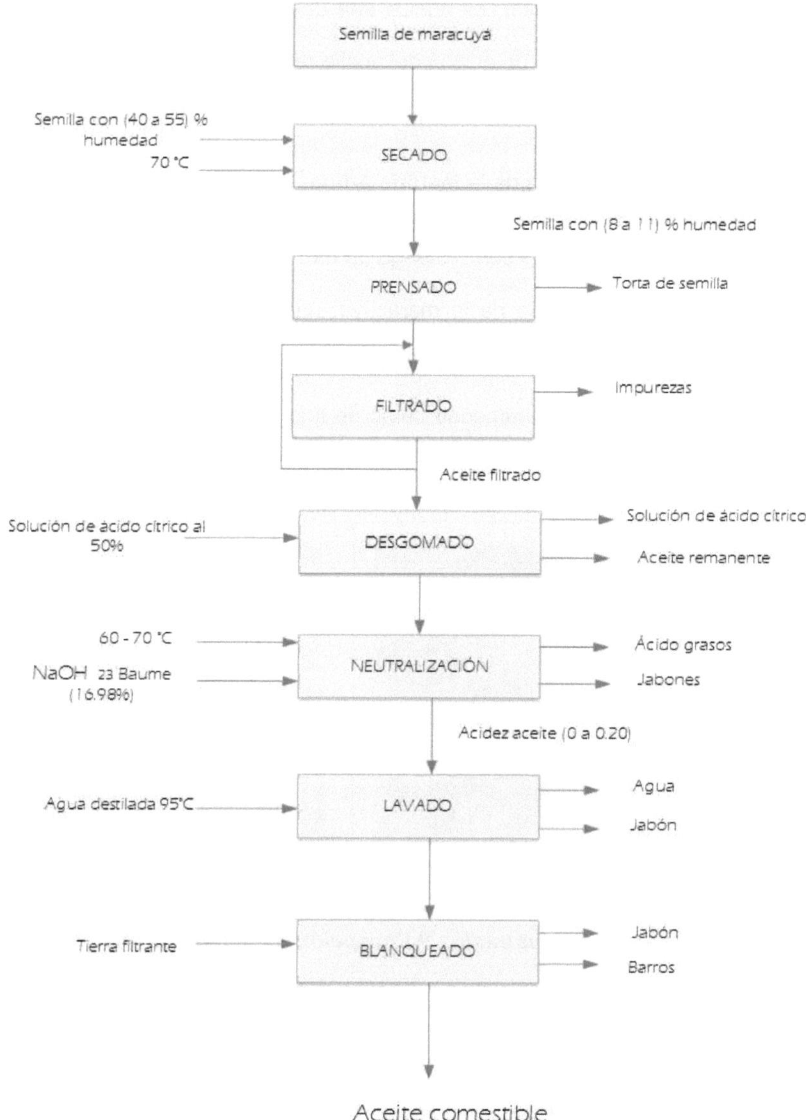

Fuente: **Autores.**

3.6 Descripción de los procesos de obtención de aceite.

A continuación, se realiza una descripción de los procesos que se realizaron para la obtención del aceite refinado se la semilla de maracuyá, mismos que se realizaron a escala de laboratorio.

3.6.1 Recepción de la materia prima

Se recibe la semilla luego de haber sido desechada del proceso de extracción de jugo de la maracuyá, una vez receptada la semilla se la procedió a evaluar y verificar el estado de esta, es decir, que se le realizaron análisis tanto de humedad como de impurezas, aplicando los análisis ya descritos.

Ilustración 9 Recepción de materia prima.

Fuente: **Autores.**

3.6.2 Secado de la semilla

Este proceso se lo realizo en una estufa, la cual estuvo graduada a una temperatura de 70°C. Para determinar el tiempo de secado se usó la curva de equilibrio levantada en el análisis de humedad de la semilla, esta fue colocada en las bandejas de la estufa para así poder retirar un 30-40% de humedad, dependiendo de la cantidad de material volátil que tuvo al realizar el análisis de porcentaje de humedad. Una vez culminado el proceso de secado se realiza análisis de impurezas a la semilla seca, para determinar la cantidad de semilla real.

Ilustración 10 Proceso de secado

Fuente: **Autores.**

En la **ilustración 10** se muestra cuando la semilla es ingresada a la estufa a una temperatura de 70°C, en cantidades de 1 a 2 kg, para luego ser guardada en fundas herméticas con el fin que no absorban humedad del ambiente.

3.6.3 Prensado y filtrado

Para que la semilla pase al proceso de extracción debía cumplir con el parámetro de porcentaje de humedad y de temperatura, los cuales se estableció rangos de 8-11% de humedad y 50-60°C. Una vez cumplido estos parámetros la semilla fue colocada en la bandeja de extracción, la cual constaba de una malla que facilite la salida del aceite, para proceder a ejercer presión mecánica sobre la semilla con la ayuda de un pistón y extraer el aceite. El cual fue recogido en una segunda bandeja, el equipo usado para este proceso fue una prensa hidráulica, la cual podía ejercer una presión de 6Ton, una vez obtenido el aceite fue filtrado con la ayuda de una bomba de vacío y papel filtro para retirar impurezas y trazas de semilla.

Ilustración 11 Proceso de prensado y extracción de aceite

Fuente: **Autores.**

En la **ilustración 11** se puede observar el momento en que la semilla es colocada en el filtro prensa para la extracción del aceite crudo mediante presión.

3.6.4 Desgomado del aceite

Una vez obtenido el aceite crudo se realiza el desgomado con el fin de eliminar gomas y evitar pérdidas de aceite en la etapa de neutralización. Para ello la muestra de aceite debe ser sometida a temperaturas entre 60 a 70 °C, durante 20 min ya que las gomas se separan con mayor facilidad cuando la viscosidad de este disminuye, luego se procede a la centrifugación de la muestra a 4500 rpm durante 20 min, luego de este tiempo se retira las muestras de la centrifugadora marca Hettich, y se procede a realizar el pesaje del aceite obtenido.

Ilustración 12 Proceso del desgomado

Fuente: **Autores.**

En la **ilustración 12** se muestra los pasos para poder realizar el desgomado del aceite mediante el uso de la centrifuga.

3.6.5 Neutralización del aceite

El aceite se somete al proceso de neutralización con el fin de reducir la cantidad de ácidos grasos libre (AGL), existen varios procedimientos para llevar a cabo esta etapa, pero estos son aplicados a escalas industriales, más se han adaptado en esta investigación para poder realizar esta etapa a escala de laboratorio.

La selección apropiada de los álcalis, su cantidad y técnicas son muy importantes para la tecnología de la neutralización, ya que esto permite obtener la producción de purificación deseada. El desarrollo de la neutralización se da en gran parte en Europa a diferencia de los Estados Unidos ya que existe mayor variedad de aceites manipulados por fabricantes europeos. La práctica americana ha alcanzado un alto nivel de perfección gracias a la rápida y continua neutralización tanto como en los aceites de algodón y de soja.

3.6.5.1 Neutralización con sosa cáustica

a) Selección de la concentración de lejía

Alton Bailey plantea el uso de las tablas de escala de Baumé para el hidróxido de sodio donde se da a conocer la cantidad de solución de este compuesto para neutralizar los ácidos grasos libres, además a esto le da a conocer el porcentaje de lejía en exceso.

Para la determinación de los grados Baumé (°Be) se usa la densidad relativa del aceite la cual debe ser calculada por el método ya descrito, a continuación, se da a conocer las fórmulas que se utilizan para su determinar °Be.

- Para sustancias líquidas más pesadas que el agua

Ecuación 3 $$°Bé = 145\frac{145}{d\,rel}$$

Ecuación 4 $°d\,rel = \frac{145}{145-°Be}$

Ecuación 5 $°API = \frac{141.5}{d\,rel.} - 131.5$

- Para sustancias liquidas menos pesadas que el agua

Ecuación 6 $°Bé = \frac{140}{d\,rel} - 130$

Ecuación 7 $d\,rel = \frac{140}{°Be+130}$

Puesto que el aceite de maracuyá resulta ser menos denso que el agua, se usan la **Ecuación 6** $°Bé = \frac{140}{d\,rel} - 130$ **y Ecuación 7** $d\,rel = \frac{140}{°Be+130}$.

Tabla 10 Contenido de hidróxido de sodio a diferentes grados Baumé

Grados Baumé a 15 °C	Contenido en hidróxido sódico %
10	6,27
12	8,00
14	9,50
16	11,06
18	12,68
20	14,36
22	16,09
24	17,87
26	19,70
28	21,58
30	23,50

Fuente: [9]

La concentración de la lejía que se emplee en la neutralización de cualquier aceite o grasa, con sosa cáustica, son de suma importancia, esto se ve reflejado en la **Tabla 10,** donde los grados °Be del aceite ayudan a determinar la lejía que se debe usar. Existen variaciones bien definidas entre aceites procedentes de diferentes factorías de producción de la fruta, esto depende de su origen geográfico, y otros factores relacionados al clima.

La **tabla 11** indica los porcentajes de lejías a diferentes concentraciones, necesarias para neutralizar los ácidos grasos libres de aceites con distintos grados de acidez (los ácidos grasos libres se han calculado como % de ácido oleico) [9].

Tabla 11 Concentración de lejías empleadas para la neutralización

Ácidos grasos libres			Concentración de las lejías en grados Baumé		
%	12º	14º	16º	18º	20º
0,6	1,07	0,90	0,77	0,67	0,59
0,7	1,24	1,05	0,90	0,78	0,69
0,8	1,42	1,20	1,03	0,89	0,79
0,9	1,6	1,35	1,16	1,00	0,89
1,0	1,78	1,50	1,29	1,11	0,99
1,1	1,95	1,65	1,41	1,23	1,09
1,2	2,13	1,80	1,54	1,34	1,19
1,3	2,31	1,95	1,67	1,45	1,29
1,4	2,48	2,10	1,80	1,56	1,39
1,5	2,66	2,25	1,93	1,67	1,49
1,6	2,84	2,40	2,06	1,79	1,58
1,7	3,02	2,54	2,18	1,90	1,68
1,8	3,20	2,69	2,31	2,01	1,78
1,9	3,37	2,84	2,44	2,12	1,88
2,0	3,55	2,99	2,57	2,23	1,98
2,1	3,73	3,14	2,70	2,35	2,08
2,2	3,91	3,29	2,83	2,46	2,18
2,3	4,08	3,44	2,96	2,57	2,28
2,4	4,26	3,59	3,08	2,68	2,37
2,5	4,44	3,74	3,21	2,80	2,47
2,6	4,61	3,89	3,34	2,91	2,57
2,7	4,80	4,04	3,47	3,02	2,67
2,8	4,97	4,19	3,60	3,13	2,77
2,9	5,15	4,34	3,72	3,24	2,87
3,0	5,32	4,49	3,85	3,36	2,97
3,2	5,68	4,78	4,10	3,58	3,16
3,4	6,04	5,18	4,35	3,80	3,36
3,6	6,39	5,48	4,61	4,03	3,56
3,8	6,75	5,78	4,87	4,25	3,76
4,0	7,10	6,08	5,12	4,47	3,95
4,2	7,45	6,38	5,38	4,70	4,15
4,4	7,80	6,68	5,64	4,92	4,35
4,6	8,16	6,98	5,89	5,15	4,55
4,8	8,52	7,28	6,15	5,37	4,74
5,0	8,88	7,47	6,42	5,60	4,94

Fuente: [9]

Tabla 12 Porcentaje de lejía en exceso

Exceso	Concentración de las lejías en grados Baumé				
%	12º	14º	16º	18º	20º
0,05	0,62	0,53	0,45	0,39	0,35
0,10	1,25	1,05	0,90	0,79	0,70
0,15	1,87	1,58	1,35	1,18	1,05
0,16	2,00	1,69	1,44	1,26	1,12
0,17	2,12	1,79	1,53	1,34	1,19
0,18	2,25	1,90	1,62	1,42	1,26
0,19	2,28	2,00	1,71	1,50	1,33
0,20	2,50	2,10	1,81	1,58	1,39
0,21	2,63	2,21	1,90	1,66	1,46
0,22	2,75	2,31	1,99	1,74	1,53
0,23	2,88	2,42	2,08	1,81	1,6
0,24	3,00	2,52	2,17	1,89	1,67
0,25	3,13	2,63	2,26	1,97	1,74
0,26	3,25	2,73	2,35	2,05	1,81
0,27	3,36	2,84	2,44	2,13	1,88
0,28	3,47	2,94	2,53	2,21	1,95
0,29	3,57	3,05	2,62	2,29	2,02
0,30	3,68	3,15	2,71	2,37	2,09
0,31	3,88	3,26	2,80	2,44	2,16
0,32	4,00	3,36	2,89	2,52	2,23
0,33	4,13	3,47	2,98	2,60	2,30
0,34	4,25	3,57	3,07	2,68	2,37
0,35	4,37	3,68	3,16	2,76	2,44
0,36	4,50	3,78	3,25	2,84	2,51
0,37	4,62	3,89	3,34	2,92	2,58
0,38	4,75	3,99	3,43	3,00	2,65
0,39	4,88	4,10	3,58	3,07	2,72
0,40	5,00	4,21	3,61	3,15	2,79
0,41	5,13	4,31	3,70	3,23	2,86
0,42	5,25	4,42	3,80	3,31	2,93
0,43	5,38	4,52	3,89	3,39	3,00
0,44	5,50	4,63	3,98	3,47	3,06
0,45	5,63	4,73	4,07	3,55	3,13
0,46	5,75	4,84	4,16	3,63	3,20
0,47	5,88	4,85	4,25	3,70	3,27
0,48	6,00	4,95	4,34	3,78	3,34
0,49	6,13	5,16	4,43	3,86	3,41
0,50	6,25	5,26	4,52	3,94	3,48

Fuente: [9]

La **tabla 12** da a conocer los porcentajes de soda de diferentes concentraciones, los cuales son necesarios para dar los correspondientes excesos en base al hidróxido sódico anhidro [9].

b) Proceso de neutralización

El aceite debe ser llevado a temperaturas de 65 ºC a 70°C para luego ser tratado con lejía del grado Baumé necesario, con el respectivo exceso de solución. Bailey plantea que se debe agregar 0,10% de cloruro de sodio por cada 1.0% de ácidos grasos libres, con el fin de hacer más eficiente el proceso de la neutralización. Una vez formado el aceite se lo debe filtrar para retirar el jabón de la muestra, para luego ser lavado con agua a 70°C.

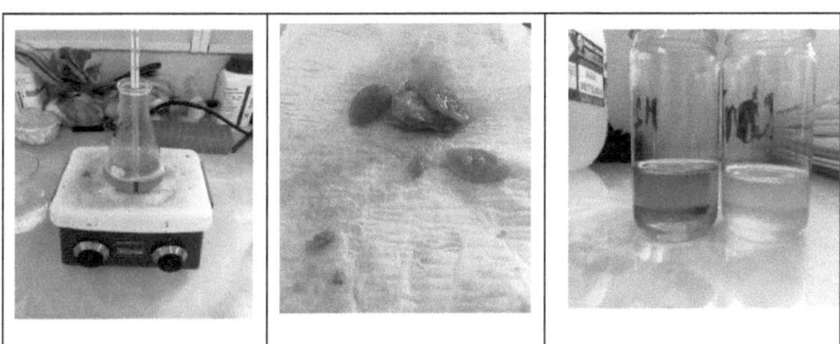

Ilustración 13 Proceso de neutralización

Fuente: **Autores**

En la **ilustración 13** se puede notar la formación de jabón, así como la diferencia entre un aceite neutralizado y uno sin neutralizar.

3.6.6 Blanqueado

El proceso de decoloración se lo realiza para retirar compuestos carotenoides, los cuales dan ese color rojizo al aceite, además el decolorado va ligado con la neutralización, ya que retira trazas de jabón residuales y agua que el aceite contenga.

La decoloración se la realizó con tierra filtrante (diatomeas) en un 10% p/p, llevando el aceite a diferentes niveles de temperaturas, donde a 70-80°C se agregó la tierra filtrante, manteniendo en agitación hasta llegar a los 100-105°C, que es el rango de temperaturas tope para este proceso por un tiempo de 10min. Luego de esto se sigue agitando, pero a temperaturas de 70-80°C. Una vez formado un barro concentrado se deja de suministrar calor a la muestra y se sigue agitando por 15 – 20 minutos. Con la ayuda de una bomba de vacío se filtró el aceite con papel filtro (2,5 µm)a temperatura de 50-60 °C.

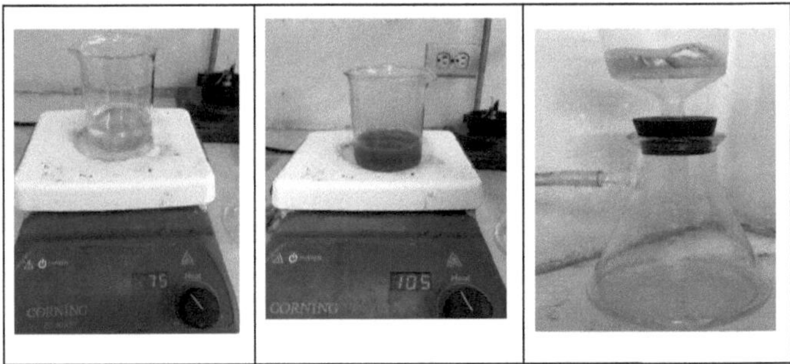

Ilustración 14 Etapa del blanqueado

Fuente: **Autores**

Como se puede apreciar en la **ilustración 14** el aceite es calentado hasta 75°C donde se procedió a agregar la tierra filtrante, para luego ser llevado a temperaturas de 105°C y su posterior filtración.

CAPITULO IV

RESULTADOS Y DISCUSIÓN

4.1 Caracterización de la semilla de maracuyá

4.1.1 Determinación del porcentaje de humedad.

A continuación, se presentan los resultados obtenidos en la determinación de humedad, con la cual se levantó una curva de equilibrio del tiempo vs %humedad, con dicha curva se logró determinar el tiempo de secado para la semilla usada en el proceso.

Tabla 13 Promedio del porcentaje de humedad de semilla humedad a 70°C.

Muestra	%Humedad	Promedio
1	48.95	48.1
	47.26	
	48.15	
2	48.78	47.6
	46.86	
	47.25	
3	47.74	48.0
	47.99	
	48.12	
4	47.95	48.2
	48.41	
	48.26	
5	47.88	47.7
	48.41	
	46.74	
Promedio		**47.9%**

Fuentes: **Autores.**

En la **tabla 13** se muestra el comportamiento de la humedad que posee la semilla antes de ser secada. El análisis se lo realizo a una temperatura constante de 70°C donde se determinó un promedio de 47.9%, el cual es agua o material volátil. Los altos porcentajes de humedad se deben a la semilla, puesto que al momento de realizar la extracción de jugo de maracuyá separa el material pulposo desechándolo junto con la semilla.

Tabla 14 Datos del % humedad de la semilla seca.

Muestra	%Humedad	Promedio
1	10.97	9.8
	9.78	
	8.74	
2	9.36	9.4
	10.12	
	8.74	
3	8.12	8.4
	8.75	
	8.46	
4	9.78	8.9
	8.04	
	9.02	
5	8.09	8.6
	8.46	
	9.39	
Promedio		**9.1**

Fuente: **Autores**

Para que la semilla sea óptima para el secado era necesario poseer un porcentaje de humedad de entre 8 y 11%, como se puede observar en la **tabla 14** se llegó a un promedio de humedad de 9.1 de toda la semilla procesada.

4.1.2 Determinación de porcentaje de impurezas.

En la **tabla 15** se presentan los datos de impurezas, es decir, se retiró todo tipo de trazas de cáscara, semilla rota y vana, con el fin de determinar la cantidad real de semillas en buen estado que entran al proceso de extracción de aceite, este valor depende de qué tanta pulpa haya tenido la semilla antes de ser secada.

Tabla 15 Porcentaje de impurezas de la semilla seca

Muestra	Peso inicial	Peso de impurezas	%de impurezas
s1	99.483	3.139	3.15
s2	99.189	1.964	1.98
s3	100.786	2.489	2.47
s4	99.689	1.485	1.49
s5	100.497	2.422	2.41

Fuente: **Autores.**

4.2 Procesos de obtención del aceite crudo.

4.2.1 Secado de la semilla

Mediante el uso de diagramas de dispersión y el análisis de humedad que fue realizado a la semilla al momento de ser receptada, se logró obtener una curva de equilibrio de humedad y tiempo, la cual permitió determinar el tiempo de secado requerido para llegar a la humedad deseada.

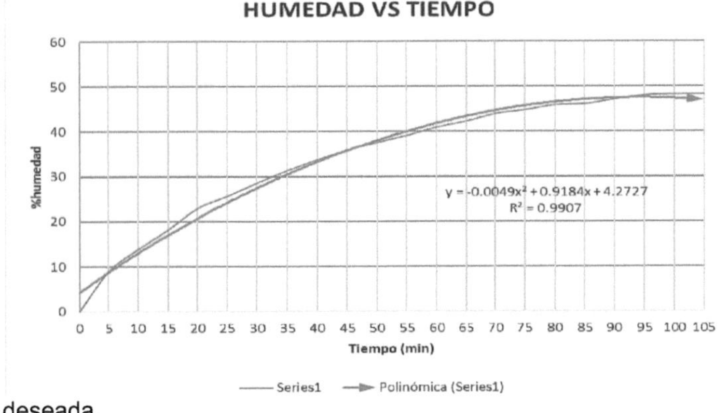

Ilustración 15 Curva de equilibrio del porcentaje de humedad a 70°C

Fuente: **Autores.**

Tal y como se ve en la **ilustración 15** la humedad de la semilla de maracuyá llega hasta un promedio de 47.9%, manteniendo una temperatura de 70°C, también dicha gráfica presenta una ecuación polinómica que se ajusta en R^2= 0.9907 con la que se puede determinar la humedad en cualquier punto de la curva, donde la **serie 1** es la curva que se obtiene al graficar los datos de la curva, mientras que la línea **polinómica(serie1)** es la línea de tendencia polinómica grado 2.

Ecuación 8 $y = -0.0049x2 + 0.9184x + 4.2727$

$$R^2 = 0.9907$$

4.2.2 Prensado y extracción de aceite

Los resultados obtenidos en el prensado fueron relativamente bajos, en comparación al porcentaje de aceite que posee la semilla de maracuyá como lo ha expresado (M. García, 2014), en su investigación sobre la evaluación del tratamiento enzimático para la extracción mecánica del aceite vegetal de las semilla de maracuyá, el cual es de 26,36%, el equipo de prensado aplicado en esta investigación logra obtener aceite en un promedio de 11.08%, es decir, que se tiene una eficiencia de 42.04% de obtención de aceite. En la **tabla 16** se presentan los resultados de 5 muestras evaluadas para la obtención de aceite.

Tabla 16 Resultados del porcentaje de aceite de maracuyá.

muestra	Peso inicial (g)	Peso de aceite (g)	%Aceite
1	1136	122.46	10.78
2	1178	138.29	11.74
3	1092	120.22	11.01
4	1273	138.37	10.87
5	1148	126.05	10.98
Promedio			**11.08**

Fuente: **Autores**

4.3 Caracterización del aceite crudo.

4.3.1 Determinación de acidez del aceite crudo.

Tabla 17 Resultados del porcentaje de acidez (Exp. Ac. Oleico) del aceite crudo de maracuyá.

Muestra	Valor de acidez
M1	0.26
M2	0.22
M3	0.30
M4	0.23
M5	0.27

Fuente: **Autores**

Se analizaron 5 muestras de aceite, y cada muestra posee una acidez diferente, tal y como se muestra en la **tabla 17**, esto se debió a que el aceite contenido en la semilla aumentaba su acidez por la influencia de la humedad de la semilla, es decir, que entre mayor sea el tiempo en que la semilla de maracuya se encuentre con humedad mayor era la acidez. Se realiza este análisis de acidez para el realizar los cálculos del proceso de la neutralización.

4.3.2 Determinación del índice de refracción del aceite crudo.

El análisis del índice de refracción fue leído directamente del equipo Metler Toledo Rm40, el resultado que se obtuvo tanto en el aceite crudo es de 1.4749, dicho resultado no presento variación en ninguna de las muestras. Según plantea (Paucar. L. et al, 2015) el índice de refracción es una propiedad utilizada para controlar la pureza y la calidad de los aceites tanto a nivel laboratorio como industrial. Se relaciona con su grado medio de instauración, y también es útil para observar el progreso de las reacciones tales como hidrogenación e isomerización.

4.3.3 Determinación de la humedad del aceite crudo

Los resultados que se obtuvieron se presentan la **tabla 19**, estos valores fueron leídos directamente de la termobalanza, se tiene un promedio de 0.13 de humedad en el aceite.

Tabla 18 Resultados de porcentaje de humedad del aceite crudo

Muestra	%humedad
M1	0.12
M2	0.14
M3	0.10
M4	0.16
M5	0.12

Fuentes: **Autores.**

4.4 Obtención de aceite refinado.

4.4.1 Desgomado del aceite crudo.

Los resultados para el proceso de desgomado que se le realizó al aceite crudo se ven reflejados en la **tabla 20**.

tabla 19 Resultados del proceso del desgomado del aceite

Muestras	%Gomas
M1	5.09
M2	4.18
M3	4.49
M4	4.78
M5	5.07

Fuente: **Autores.**

4.4.2 Neutralización del aceite.

Para el proceso de neutralización se usaron las tablas Baumé para realizar el cálculo de lejía necesaria para este proceso y respectivo exceso.

Mediante el uso de la **Ecuación 6** $°Bé = \frac{140}{d\,rel} - 130$ y el valor de la densidad relativa se determinó los grados Baumé para este aceite el cual es de 23°Be, debido a que no se encontró este valor en la ***Tabla 10*** se realizaron cálculos de interpolación con la **Ecuación 9**, donde se obtiene que la solución de soda tendrá una concentración para los 23°Be de 16.98 p/p de hidróxido de sodio.

Ecuación 9 $f1(x) = f(x0) + (\frac{f(x1) - f(x0)}{x1 - x0})(x - x0)$

Fuente: [24]

La **Tabla 20** resulta de los cálculos de extrapolación e interpolación realizada a la **Tabla 11** para poder obtener los valores para 23°Be sobre el porcentaje de solución a usar en el aceite, para los cálculos de interpolación se usó la **Ecuación 9** mientras que para la extrapolación se la realizo con el programa Excel que aplica métodos matemáticos en su plataforma para realizar dicho calculó.

Tabla 20 Resultados de extrapolación del porcentaje de lejía

Acidez	**Grados Baumé**			
	20°	**22°**	**24°**	**23°**
0.1	0.10	0.07	0.05	0.06
0.2	0.20	0.14	0.10	0.12
0.3	0.30	0.22	0.16	0.19
0.4	0.40	0.29	0.21	0.25
0.5	0.49	0.37	0.27	0.32

Fuente: **Autores**.

Tabla 21 Resultados de la extrapolación del porcentaje en exceso de lejía

%exceso	**23°**
0.05	0.23
0.1	0.13
0.15	0.69
0.16	0.74
0.17	0.79
0.18	0.83
0.19	0.91
0.20	0.93
0.21	0.96

Fuente: **Autores.**

Los resultados presentados en la **tabla 22** se obtuvieron mediante extrapolación e interpolación de la **Tabla 12**, debido a que los datos necesarios no se encuentran en esta.

Tabla 22 Porcentaje de lejía 23°Be para neutralizar el aceite

Muestra	Acidez	%Lejía
M1	0.26	0.16
M2	0.22	0.14
M3	0.30	0.20
M4	0.23	0.15
M5	0.27	0.17

Fuente: **Autores.**

En la **tabla 23** se indican los porcentajes de lejía que deben ser usadas para cada valor de acidez, los cuales fueron calculados por interpolación de la **Tabla 20**. Mediante varios análisis a otras muestras de aceite de maracuyá se logró determinar que el porcentaje de exceso para este proceso sea de 0.20%, dicho valor que leído en la **Tabla 21** sería de 0.93%, por ejemplo, la muestra **M1** posee una acidez de 0.26, y para esta acidez se usa un porcentaje de solución de lejía de 0.16 p/p, a este valor se le debe sumar el porcentaje de lejía en exceso, lo cual da como resultado un total de 1.09% de solución de Hidróxido mismo que será usado en la neutralización del aceite de maracuyá. Este procedimiento fue aplicado a las demás muestras.

Tabla 23 Porcentaje de Jabón obtenido en la neutralización

Muestra	% Jabón
M1	3.10
M2	3.23
M3	2.95
M4	3.49
M5	3.67

Fuente: **Autores.**

Analizando los datos de la **tabla 24** se obtiene un promedio de 3.26 de jabón, asi mismo la acidez del aceite refinado se la podrá apreciar en la **tabla 25**.

4.4.3 Blanqueado del aceite.

Tabla 24 Porcentaje de pérdidas de aceites

Muestras	% de aceite perdido
M1	2.3
M2	1.9
M3	2.5
M4	2.1
M5	1.5

Fuente: **Autores**

En la **tabla 26** se muestra el porcentaje de aceite que se pierde en el proceso de decolorado, esta pérdida se debe a dos razones, una por el proceso de trasvasado de la muestra, quedándose entre 1.5g y 2g de aceite en los materiales utilizados y la otra se debe a la que parte del aceite se queda retenido en las tierras filtrantes.

Ilustración 16 Aceite crudo y refinado

Fuente: **Autores**

Como se puede ver en la **Ilustración 16** existe una notable diferencia de color y apariencia del aceite, esto se debe a que en la etapa de la neutralización y el decolorado se disminuye el color del aceite.

4.5 Resultados de la caracterización del aceite refinado.

4.5.1 Determinación de acidez del aceite refinado.

Tabla 25 Resultados del porcentaje de acidez (Exp. Ac. Oleico) del aceite refinado de maracuyá.

Muestra	Acidez
M1	0.11
M2	0.12
M3	0.12
M4	0.11
M5	0.10

Fuentes: **Autores.**

La **Tabla 25** a conocer la acidez que se obtuvo luego del proceso de neutralizado, como se puede observar se disminuyó alrededor de un 55% la acidez del aceite refinado en comparación del aceite crudo. se escogió el 0.20% de soda en exceso puesto que fue el que mejor resultados ofreció en el proceso, ya que se intentó con un porcentaje más alto y se llegaba a obtener casi los mismos resultados que con 0.2, asi mismo se realizó pruebas para usar menos exceso, pero los resultados no fueron favorables, la acidez que se obtenía no cumplía con los requisitos que establece la norma de aceite comestible de semilla de girasol.

4.5.2 Determinación del índice de refracción del aceite refinado.

Este valor fue leído directamente del equipo Metler Toledo Rm40 a la temperatura de 25° C, el resultado que se obtuvo en el aceite refinado es de 1.4749, como se puede observar el índice de refracción no varió al momento de realizar la refinación, pue se mantiene igual al del aceite crudo de maracuyá.

4.5.3 Determinación del índice de peróxido del aceite refinado.

El resultado que se obtiene para este análisis fue relativamente igual en todas las muestras del aceite refinado con un valor de 11.87 MeqO2/kg, para reducir este valor es necesario realizar el proceso de desodorización del aceite, ya que con este proceso se retiran los compuestos que proporcionan mal olor y sabor del aceite, disminuyendo la calidad del aceite [25]. Este análisis solo se lo realiza al aceite refinado puesto que se necesita saber si cumple con los requisitos para el aceite comestible de semilla de girasol.

4.5.4 Determinación del índice de yodo del aceite refinado.

Tabla 26 Resultados de obtenidos de Índice de yodo del aceite refinado

Cantidad de Muestra	Resultados obtenidos
130 ml	142.84 Cg/g

Fuente: **Autores**

Para la realización de este análisis se tomó un promedio de todas las muestras, el resultado se refleja en la **Tabla 24**, cabe recalcar que el índice de yodo es diferente para cada tipo de aceite y entre más elevado es el índice de yodo, de mayor calidad resulta ser el aceite. [19]

4.5.5 Determinación de la humedad del aceite crudo

Los resultados que se obtuvieron se presentan la **Tabla 27**, estos valores fueron leídos directamente de la termobalanza. Los resultados obtenidos son favorables para todas las muestras, puesto que se disminuyó en un 75% la humedad presente em el aceite crudo.

Tabla 27 Resultados de porcentaje de humedad del aceite refinado

Muestra	%humedad
M1	0.03
M2	0.05
M3	0.02
M4	0.04
M5	0.04

Fuentes: **Autores.**

4.5.6 Determinación de la densidad relativa aceite refinado

Una vez obtenido el aceite como requisito en la norma se pide la densidad relativa del aceite, la densidad en comparación con la del aceite crudo sale relativamente igual, por lo que se obtuvo un valor de 0.9147 a una temperatura de 25°C.

4.6 Comparación del aceite refinado de maracuya con los requisitos de otros a aceites.

En la **Tabla 28 Análisis fisicoquímicos del aceite refinado de maracuyá vs los requisitos del aceite de girasol.** se da a conocer los resultados del aceite refinado, los cuales varios de estos como son: Acidez, Densidad relativa, Índice de refracción y perdida por calentamiento se encuentran dentro de los parámetros aplicados para un aceite comestible de girasol, pero debido a la falta del proceso del desodorización no se disminuyó el índice de peróxido del aceite por lo cual se mantiene 1.87 por encima del límite superior lo cual estaría incumpliendo un parámetro de la norma INEN NTE 26:2012 [25], pero si se compara este valor con la norma NTE INEN 00029 para aceites de oliva si estaría dentro de los rangos que tiene un máximo de 15 MeqO2/kg .

El índice de yodo esta con 5.84 por encima del límite que establece la norma para aceite de girasol, en Ecuador se usa requisitos específicos para cada aceite, debido a esto no se puede correlacionar o comparar el índice de yodo con el valor establecido para el aceite de girasol, puesto que este parámetro varía dependiendo de la insaturación que posea un aceite.

Tabla 28 Análisis fisicoquímicos del aceite refinado de maracuyá vs los requisitos del aceite de girasol.

Análisis	Min	Max	Datos del aceite refinado	Unidades
Acidez Libre (Exp Ac, Oleico)	-	0.2	0.11	%
Densidad Relativa, 25/25 °C	0.910	0.921	0.912	-
Índice de Yodo	123	137	142.84	Cg/g
Pérdida por Calentamiento	-	0.05	0.03	%
Índice de Refracción (25°C)	1.471	1.475	1.4749	-
Índice de Peróxido	-	10.0	11.87	MeqO2/kg

Fuente: **Autores**

con el fin de verificar si otros aceites poseen valores similares o más altos se buscó otras normas para realizar esta verificación, y poder constatar si el aceite puede ser comestible o no, por lo cual se lo compara con los parámetros establecidos en el CODEX STAN 210-1999, misma que fue revisado hasta el año 2017, donde se encuentra el índice de yodo es específico para cada aceite comestible, siendo comparado el valor que se obtiene del aceite de maracuyá con el aceite de pepitas de uva tal que posee parámetros de (103-150) Cg/g, por lo tanto el aceite de semilla de maracuyá posee un mayor número de grasas insaturadas que el aceite de semilla de girasol, pero puede llegar a tener un valor aproximado al aceite de pepitas de uva.

CAPÍTULO V

CONCLUSIONES

- De la caracterización de la semilla de maracuyá se puede concluir que debido a que restos de pulpa se encuentra junto con la semilla de maracuyá posee un porcentaje de humedad entre 40 – 50%, para estos porcentajes de humedad se obtuvo un mínimo de 1.49% y un máximo de 3.15% de impureza en la semilla.
- El proceso de secado de la semilla ayuda a retirar el aceite de esta con mayor facilidad, a diferencia que cuando está húmeda el porcentaje de obtención del aceite disminuye.
- El aceite refinado llegó a cumplir con los parámetros establecidos para un aceite comestible, a excepción del índice de peróxido con 87 meqO2/ Kg y el índice de yodo 142,84 Cg/g. A pesar de estar el índice de peróxido fuera de especificación, este aceite es comestible, porque aún está dentro de los parámetros para un aceite virgen como se lo establece en el (CODEX 210-1999), de tal manera que este proceso de refinado puede ser aplicado, puesto que sí disminuye la acidez y mejora la apariencia del aceite.
- Mediante el proceso de neutralización se pudo disminuir el color y el olor del aceite, obteniendo un aceite con mejor apariencia, el cual puede ser agradable ante las personas que lo consuman.
- El porcentaje de jabón que se obtenga aumenta si se agrega una cantidad mayor de lejía a la recomendada en este proyecto.

- Se puede concluir que el índice de yodo es propio de cada aceite, y que entre más alto este sea, mayor será la insaturación del mismo, El índice de yodo que presentó el aceite de semilla de maracuyá es más alto que el del aceite de girasol, pero, aunque este valor esta fuera de los rangos de establecidos para el aceite comestible de girasol, el aceite de maracuyá si es comestible pues el índice de yodo resultó ser una característica intrínseca de cada aceite.
- Aplicando el proceso de decolorado se retiran trazas de jabón y de agua que este retenido en el aceite.
- De acuerdo con la hipótesis planteada para este proyecto, el aceite obtenido no cumple con los parámetros de índice de yodo e índice de peróxido establecidos en la norma nacional del aceite de girasol, sin embargo, existen otros tipos de normas para aceites comestibles a nivel nacional con las cuales fueron comparados los resultados de este proyecto, concluyendo que se debe levantar una norma para este aceite en particular, ya que existen características propias de cada aceite.

RECOMENDACIONES

- Se debe tomar muy en cuenta el proceso de secado de la semilla de maracuyá por dos razones, una si el porcentaje de humedad de la semilla es alta, e obtiene un aceite con alta humedad, pero si la humedad de semilla es baja el rendimiento de extracción del aceite crudo será bajo.
- La semilla debe presentar una humedad entre 8 y 11% para obtener un buen rendimiento de aceite y a su vez un aceite de buena calidad.
- Se recomienda realizar estudios de estabilidad de oxidación del aceite tanto crudo como refinado.
- Se debe realizar el proceso de desodorización para disminuir en parte el índice de peróxido presente en el aceite ya que debido a las condiciones que se usa en esta etapa no se logró realizar este proceso a nivel de laboratorio.

BIBLIOGRAFÍA

[1] M. Garcia, «Cultivo de maracuyá amarilla,» Centa, San Salvador, 2002.

[2] C. Fiestas, R. Nuñez y Y. Tsukamoto, «Valorización de residuos organicos en agroindustria AIB,» Chiclayo, 2013.

[3] C. Lizeth, Roxana y Z. C. Lissette, Obtención, refinación y caracterización del aceite de la semilla de Passiflora edulis flavicarpa (MARACUYÁ)., San Salvador, 2004.

[4] L. Quimiz, Estudio técnico económico para la instalación de una planta productora de aceite a base de semilla de maracuyá.

[5] H. M. Loja, Estudio técnico económico preliminar para la obtención de aceite comestible a partir de semillas de maracuyá, lima, 1992.

[6] Pantoja, D. Hurtado y H. M. ., caracterización de aceite de semilla de maracuya (Passiflora edulis Sims.), bdigital Portal de revistas un, 2016.

[7] A. Cañizares Chacín y E. Jaramillo Aguilar, EL Cultivo de la Maracuyá en Ecuador, Primera ed., vol. I, J. M. Cordova, Ed., Machala, El Oro: UTMACH, 2015, pp. 13-15.

[8] N. Taborda, Fruto de la pasión, Maracuyá, Santa Fe: Instituto Superior Particular Incorporado Nº 4044 "SOL" , 2013.

[9] A. E. Bailey, Aceites y grasas industriales, Reverte S.A., 2001.

[10] B. M. C. Eduardo, El Cultivo de Maracuyá (Passiflora edulis) en el apoyo al Cambio de la Matriz Productiva, Guayaquil : Universidad Católica de Santiago de Guayaquil, 2015.

[11] Organización de las Naciones Unidas para la Agricultura y la Alimentación & Organización Mundial de la Salud, Grasas y aceites en la nutrición humana, roma: FAO, 1993.

[12] V. Rodriguez y E. Simón, Bases de la alimentanción Humana, Netbiblo, 2008.

[13] Á. Gil, Bases fisiológicas y bioquímicas de la nutrición, Médica Panamericana, 2010.

[14] G. Daniela, N. Montes, M. Gisela, A. Marcos, O. Coronado, G. Conrado, T. Lydia y C. A. P. Héctor, Propuesta de aprovechamiento de la semilla de algodón en baja California, California , 2012.

[15] V. Velasco y M. Fernández, Aceite de girasol con elevada termoestabilidad, Madrid , 2010.

[16] M. Enrique, A. Jesús, O. Arturo, A. Ricardo y B. Marcos, Características físicas y químicas del aceite de cacahuate de diferentes variedades cultivadas en Chiapas, Chiapas , 2013.

[17] E. Hernández, C. Quispe y A. Alencastre, Composición de ácidos grasos en aceites de mayor consumo en el Perú, 1999.

[18] L. M. J. Oliveras, Calidad del aceite de oliva virgen extra. Antioxidantes y función biológica, Granda : Universidad de Granada , 2005.

[19] L. Paucar, R. Reyes, J. Guillen, J. Capa y C. Moreno, Estudio comparativo de las caracteristicas Fisicoquimicas del aceite de scha inchi (Plukenetia Volubilis l.), 2015.

[20] F. Shahidi, Bailey´s Industrial Oil and Fat products, Sexta ed., New Jersey: Wiley Interscience, 2005.

[21] J. L. Arroyo, *Planta de refiinado de aceites vegetales,* sevilla.

[22] G. Arriola y M. Hernan, Comprobación de pureza de los aceites comestibles de diferentes marcas comerciales en el area metropolitana, El salvador, 2003.

[23] INEN, Norma técnica ecuatoriana NTE INEN 22:2012, Quito, 2012.

[24] C. Steven C y C. Raymon P, Métodos numéricos para ingenieros, Mexico, D. F.: McGraw-Hill , 2007.

[25] C. Hernandez, A. Mieres, Z. Niño y S. Perez, «Efecto de la refinación fisica sobre el aceite de la almendra de corozo (acrocomia aculeta),» *Scielo,* vol. 18, nº 4°, pp. 59-68, 2007.

[26] C. Chau y Y. Huang, Characterization of passion fruit seed fibres—a potential fibre source, Taiwan: Science, National Chung Hsing University, 2003.

[27] J. M. Verdú, Nutrición para Educadores, fundación Universitaria iberoamericana , 2005.

[28] M. O. Nieblas y L. V. Moreno, «Caracterizacion fisicoquimica del aceite crudo u refinado de la semilla de Proboscidea Parviflora(Uña de gato),» *Grasas y Aceites,* vol. 44, 1993.

[29] M. I. Garcia, Evaluacion del tratamiento enzimatico para la extraccion mecanica del aceite vegetal de las semilla de maracuyá, Lima , 2014.

Printed by Books on Demand GmbH, Norderstedt / Germany